獻給歐比泉、所有在那裡度過童年的人，
以及華門·哥耶米。

——艾力克斯(Alex)

我迫不及待前往山谷，
彷彿那裡捎來了什麼大膽的消息：
大自然正在舉辦一場盛宴，
錯過太過可惜。

——亨利·大衛·梭羅 (Henry David Thoreau)

Exploring007

咦，山頂有牡蠣化石

作者｜艾力克斯·諾奎斯 Alex Nogués　繪者｜蜜倫·阿希恩·羅拉 Miren Asiain Lora　譯者｜葉淑吟

字畝文化創意有限公司
社　　長｜馮季眉
責任編輯｜陳心方
編　　輯｜戴鈺娟、巫佳蓮
美術設計｜蕭雅慧

讀書共和國出版集團
社　　長｜郭重興
發行人兼出版總監｜曾大福
業務平臺總經理｜李雪麗
業務平臺副總經理｜李復民
實體通路協理｜林詩富
網路暨海外通路協理｜張鑫峰
特販通路協理｜陳綺瑩
印務協理｜江域平
印務主任｜李孟儒

發　　行｜遠足文化事業股份有限公司
地　　址｜231 新北市新店區民權路108-2號9樓
電　　話｜(02)2218-1417　傳　　真｜(02)8667-1065
電子信箱｜service@bookrep.com.tw
網　　址｜www.bookrep.com.tw
法律顧問｜華洋法律事務所　蘇文生律師
印　　製｜中原造像股份有限公司

2022年3月　初版一刷　定價：350元
ISBN 978-626-7069-01-1　書號：XBER0007

國家圖書館出版品預行編目(CIP)資料
咦，山頂有牡蠣化石／艾力克斯·諾奎斯(Alex Nogués) 文；蜜倫·
阿希恩·羅拉(Miren Asiain Lora) 圖；葉淑吟 譯. -- 初版. -- 新北市：
字畝文化出版：遠足文化事業股份有限公司發行, 2022.03
40 面；24×30 公分
譯自：Un millón de ostras en lo alto de la montaña
ISBN 978-626-7069-01 1（精裝）
1.化石　2.古生物學　3.地質學
359.1　　　　　　　　110017118

特別聲明：有關本書中的言論內容，不代表本公司/出版集團之立場與意見，
文責由作者自行承擔。

咦 山頂有 牡蠣化石

艾力克斯·諾奎斯 Alex Nogués｜文

蜜倫·阿希恩·羅拉 Miren Asiain Lora｜圖

葉淑吟｜譯

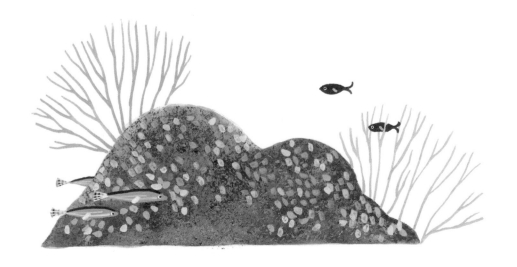

來踏青吧，跟我一起來。
瞧一瞧你的四周，你看到什麼？

欸！當然。來到野外，你可能是想與鹿或其他野生動物相遇吧？
我猜，你也看過啄木鳥、火蠑螈和其他人類。
不過，這些都不是我們接下來要看的重點。

*蠑螈（ㄖㄨㄥˊ ㄩㄢˊ）

那麼，你現在看到了嗎？

哈！沒錯！一朵像鯨魚的白雲！
不過，不是那個喔。
希望白雲不要遮住我們的視線！

現在呢？你看見線索了嗎？

喔，對。有一座森林，很漂亮。
現在是秋天，景色如畫。田野間有一臺拖車。
對，小溪很可愛。來吧，我們繼續走、繼續走。
我們馬上會看見讓人目瞪口呆的東西。

終於到了！現在看見那些岩石了嗎？

岩石一直在那裡。轉頭看看，你會看見到處都是岩石。
它們比拖車和人類還早出現，
甚至比森林和動物都更早。
這一片風景建立在岩石之上，汲取岩石的養分。
岩石決定了森林裡會長哪些植物、住哪些動物。

當山峰高高聳入天際，會阻擋雲朵，
讓雲下雨，下在山谷、村莊和小溪裡，
讓黎明姍姍來遲，天色也提早變暗。

但是，有誰會特別注意石頭呢？
只有在路上踢開石頭，
或者拿來打水漂的時候吧？

翻到下一頁，我們又更接近了一點點。

我們來到山頂上。
這裡有「露頭」，
也就是裸露的岩石。
注意！這裡滿地都是牡蠣[*]！

牡蠣？

地底下有什麼動物，
讓我們來列一張清單：
有蚯蚓、鼴鼠[*]、螻蛄[*]。

我們發現，老鼠、貛[*]和豪豬
都住在地底下的隧道裡，

但是，牡蠣怎麼在地底？
牡蠣住在大海裡呀！
這裡竟然有
上百顆、上千顆、上百萬顆牡蠣！

[*]蠣（ㄌㄧˋ）　[*]鼴（ㄧㄢˇ）　[*]螻蛄（ㄌㄡˊ ㄍㄨ）　[*]貛（ㄏㄨㄢ）

牡蠣是怎麼來到山頂上的？

牠們是自己爬上來的嗎？

還是和雨水一樣被颶風帶上來的？

或只是一堆牡蠣形狀的石頭呢？

**恐怕都不是，
事實的真相更奇妙呢。**

這不是一塊石頭，是一顆牙齒！

三百五十多年前，有一位叫尼古拉斯·斯坦諾的丹麥醫生，
在解剖一個一千兩百公斤的巨大鯊魚頭部時，有了重要的發現。
他注意到鯊魚的牙齒，長得很像當時有名的「舌形石」。
舌形石在岩石裡被發現。人們以為是從天空掉下來的，拿它來當做抵擋各種毒物
和疾病的護身符，從發燒到口臭都能派上用場。但是斯坦諾發現，舌形石其實是
鯊魚的牙齒。他反覆思考，發表對於這個發現的想法和理論，最後被認為是史
上的第一位地質學家。

我們發現的牡蠣是化石。就像這隻恐龍一樣，
是生活在很久以前的動物的遺骸。

簡單來說，牠們還活著或剛死不久時，就被埋在
地底。牠們的外殼經過非常非常多年的石化之
後，得以幸運的保存下來。

**當你爬到山頂，
就會發現它們！**

它們可不可以吃呢？

不可以。因為已經過期，
也沒有可以吃的部分了。

它們到底幾歲了呢？
這些牡蠣死亡之後，
已經過了多少年了？

到底有沒有辦法知道呢？
讓我們回頭看看，
那片「露頭」。

來，仔細看。
你看見沿途的那些岩層面了嗎？

夾在兩層之間的岩石層叫做地層。
如果外露的岩層是樂譜，
那麼岩層就好比組成樂曲的音符，
而岩層面就是歌曲中停頓的時間。

這首歌從低處開始，在最高的山頂結束。

地層就像樂譜，能夠閱讀，
也有一定的秩序，聽在我們的耳裡像一首歌。

你想想，這是多麼美妙又多麼美麗……

但是，我們還是想知道，
山頂的這些牡蠣化石，它們究竟幾歲了？

當我們把所有的地層，
串成一首生命之歌，
上面是比較新的地層，
下面是比較古老的地層
我們會在每一層當中
發現不同的化石。

在上層，我們會發現
有長毛象、毛犀牛、
以及一些「無毛的猴子」
叫做人類。

再往下一點，
有許多哺乳動物。

而在中間，
則有恐龍和菊石……

……接近底層的地方，
出現了稀奇古怪的生物，
比方說三葉蟲，牠們在
某一個時間點消失以後，
就再也沒有出現過。
牠們絕種了。

化石能幫助我們了解，
自己在這首歌的哪一層。

我們不可能在同個地層，
同時發現人類和恐龍，
或是三葉蟲和長毛象。

化石的先後順序，
反向說明了這些生物
在地球出現的先後。

哎呀，所以我們知道，
我們的牡蠣比三葉蟲年輕，
可是比長毛象還要老。

時間有不同的單位，
以秒、年或以世紀計算。
並且用數字來表示。

所以當我們約時間見面時，
不會這樣說：
「約在橡樹最後一片葉子
飄落之前，在百里香的花
開花之後。」

一百多年前（你可能認為這是很久以前，但是在這一頁的最後，你會明白其實是不久以前），有人發現某些金屬會照著緩慢而準確的時間衰變，並發出能被捕捉、測定的放射性元素。

我們藉由測定某種金屬怎麼在地層衰變，可以精準得知它的年代。
地質學家想要知道一個地層的年紀，需要兩種時鐘：
一個是「化石的時間尺度」，另一個是「放射性年代測定法」。

因此我們終於可以得知，我們看到的牡蠣，來自白堊紀晚期*，
牠們曾經生活在距今八千五百萬年前。

*堊（ㄜ）

地球地質歷史的命名

地質時間各有它美妙的名字，這是依據每個時期的地層或特性來命名的。

石炭紀，森林腐爛形成泥炭

白堊岩

英國地質學家
麥奇生、賽奇威克

1. **白堊紀**（1億450萬年前到6600萬年前）：白堊岩是一種白色的岩石，外觀類似粉筆，大量充斥在巴黎盆地，這個時期的名字由此而來。

2. **泥盆紀**（4.19億年前到3.59億年前）：英國地質學家麥奇生和賽奇威克，以英國英格蘭西南部的「德文郡」（Devon），將這個時期命名為泥盆紀（Devonian）。

3. **石炭紀**（3.59億年前到2.99億年前）：在這個時期，世界各地的第一批森林（跟現代的森林很不一樣）腐爛了，形成大量的泥炭。

4. **二疊紀**（2.99億年前到2.52億年前）：這個名字來自俄羅斯的彼爾姆州（Perm），英國地質學家麥奇生命名為二疊紀（Permian）。

5. **侏羅紀**（2.1億年前到1.45億年前）：由德國自然科學家亞歷山大·馮·洪保德在十八世紀末命名，名字取自阿爾卑斯山附近的侏羅山脈。

二疊紀由麥奇生命名

侏羅紀以侏羅山脈命名

八千五百萬年前！

那是非常、非常久以前。
幾乎比這位一百二十歲的老奶奶
還要老上無限多倍，
也比一千九百歲的羅馬競技場老很多，
甚至比加州最古老的紅杉木還要老。

注意！最早的恐龍出現在兩億三千萬年前，第一批三葉蟲出現在
五億兩千萬年前，而海底開始大量出現第一批水草，是在什麼時候呢？
讓我來補上所有的 0，讓你大開眼界：**1600,000,000 年前**。

如果整個人類文明史只有六千多年，那麼，在一萬四千倍的時間裡，
曾經發生過哪些事？

**八千五百萬歲的
牡蠣,有可能是
陸地生物嗎?**

這就能解釋一切了,
這是高山上的牡蠣。

但是,恐怕不是這樣。

因為現代的牡蠣
和八千五百萬年前的牡蠣
實在長得太像了,
生活方式應該
也是非常類似吧。
而且,顏色也很像。

你注意到了嗎?

如果沉積岩是黑色或是暗色，那是因為富含有機物質，
比如黑碳、石油，或者堆肥。

如果是紅色、赭色[*]或褐色，
是因為在露天環境進行沉積作用，
經由某些礦物氧化後造成。
大自然中的氧化作用經常造成偏紅的顏色，
比方說血液或生鏽，或者我們咬過的蘋果，
果核在過了一會兒後會變色。

相反的，如果沉積是在水底發生，就會變成灰色。

我們的白堊紀牡蠣，毫無疑問的，是生長在水底。

*赭（ㄓㄜˇ）

讓我們來扮演真正的地質學家，
證實這一切吧！

先撿起一塊岩石。

用鐵鎚敲成兩半，這樣就能看到
剛敲開的岩石剖面。

我們大大的舔一口*，再拿起一顆牡蠣
並抓一把牡蠣附近的沉積物，
然後靜下心，拿起放大鏡仔細觀察。

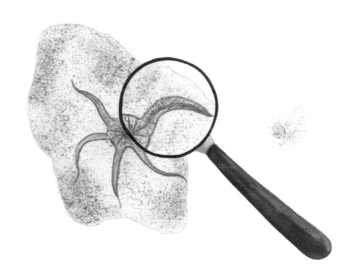

石頭上面有一個石化的
小型海洋生物世界！
是海洋、海洋、海洋，
一個溫暖的古代熱帶海洋。

*用口水沾濕石頭剖面，濕的部分，看起來會比其他部分更清楚。
這是地質學家的一個小技巧，只有真正的地質學家懂得這麼做。

小型海洋生物

有一些海洋生物現在仍然生活在海底，但我們也能在某些地層找到牠們的化石：

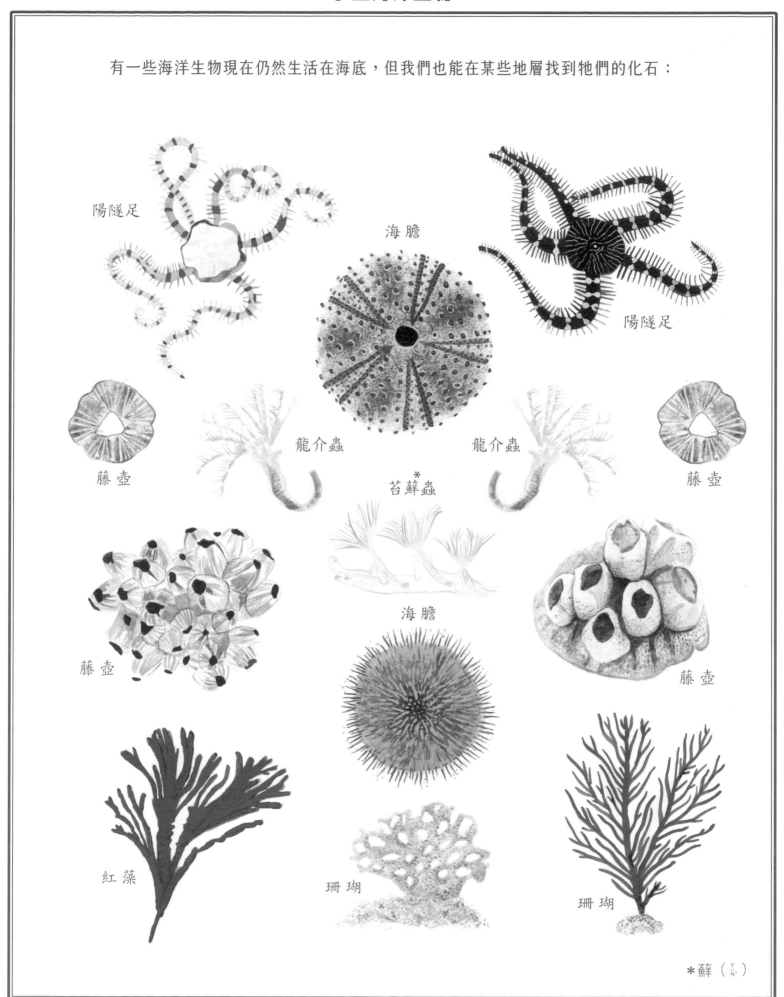

陽隧足

海膽

陽隧足

藤壺

龍介蟲

苔蘚蟲*

龍介蟲

藤壺

藤壺

海膽

藤壺

紅藻

珊瑚

珊瑚

*蘚（ㄒㄧㄢˇ）

所以，我們知道，我們爬上的山頂，
在八千五百萬年前是一片熱帶海洋。
牡蠣可沒有爬上高山，
也不是跟著雨水從天而降，或憑空出現。

難道是海水淹上了高山！

我不知道喔。
我想，這還是很難理解的謎。
是怎麼辦到的？
是巨大的海嘯？
是世界大洪水？

但都不是。

海洋會移動，我指的不是海浪或潮汐。
海洋會移動，移動的腳步非常非常緩慢。

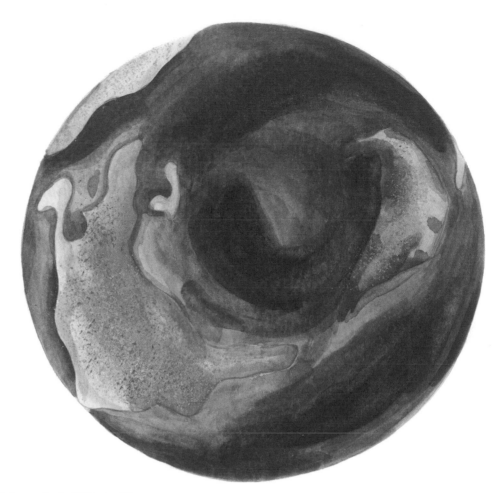

你聽過氣候變遷、南極融冰嗎？
如果所有的冰層都融化，會發生什麼事？
海洋會侵入世界各地絕大部分的海岸。

八千五百萬年前，海洋往前移動，然後再退去，
幾百次、幾千次，經過的地方都留下了沉積岩層。
這解釋了，地層為什麼是一個疊著一個上去，
從紅色轉變成灰色，再從灰色轉為紅色。

五百五十萬年前，發生了特別極端的狀況，
當時的地中海乾涸了，一滴水都沒有！

但這似乎不能解釋，
為什麼我們會在三千公尺高的地方發現海洋的足跡？
我相信，一定還有其他原因。

海洋還有更野蠻的移動方式。

我們住在一個巨大岩石板塊的一小塊上，
有時候這種板塊就跟大陸一樣遼闊，
漂浮在岩漿上面。
所以，地表有火山、間歇泉和地震。

當兩個板塊漂移時，會互相擠壓，
用超級超級慢的速度撞擊。
（對我們來說，這是一件幸運的事）

板塊隆起，形成皺褶，然後破裂。
當一個板塊受到另一個板塊的推擠往後退去，
會被壓在下面，下沉到岩漿裡。

古代海洋的沉積層變成石頭，
受到非常緩慢的猛力撞擊，
位移了好幾公里、再好幾公里，
連古老的紅杉木都沒能見證，
遍布化石的海洋升起、升起、再升起……

直到變成高山的峰頂。

……直到變成高山的峰頂。

看吧，牡蠣告訴我們的事情，
或許看似簡單，其實複雜又迷人。

當你繼續高唱這首歌，你會找到迷人的珊瑚礁。
在低一點的地層，有恐龍家族的蹤跡。
在其他露天礦層，或許會發現無法想像的動物，可能還沒人看過，
或者發現遠古時期曾經深不可測的海底。

你踩過的山坡，可能是座死火山，
或者，你其實正踏進一座羊齒植物森林深處。

知道了牡蠣告訴你的這些事情以後，
你會發現，一段歷史，一首歌，
上千個未曾被探索的世界，正在等著你。

**所以，拿起一支放大鏡、一枝鉛筆、
一本筆記本和一把鐵鎚，出門去踏青吧！**

名詞解釋

露頭－地質學家把能用肉眼直接看到，沒有植被或其他障礙物遮蔽的礦石地，稱做露頭。一定要光禿禿的！岩層就像花朵那樣在赤裸的地表冒出來。

岩層－這是尼古拉斯・斯坦諾發明的妙字，意思是「在地表平行擴展的東西」，就像是一張地毯。斯坦諾用三個基本法則來解釋這個概念，大幅提升了人類對出露地表岩層與地球歷史的理解。

　　1.岩層是平行分布的，不過也可能有傾斜或變形分布。

　　2.下面的岩層比上面的古老。

　　3.岩層是橫向延伸，整個延伸帶都屬於同一個時期。

化石－意思是「從地下挖出來的東西」。在這本書中用來指有機體的殘骸化成石頭後，留在地殼的沉積層。

有機體的遺骸，特別是礦物成分，比如骨骼、甲殼和貝殼，一旦被掩埋，立刻就會受水的影響而開始改變。當堆疊的沉積物越來越多，壓力和溫度也會隨之增加。幾千、幾百萬年後，經過化學作用的遺骸改變了結構，最後變成石頭。

地理－這是一門研究地球的起源、形成和演化的學科。用詩情畫意的方式來解釋，可以說地質學家是了解大地女神話語的人，或者會講岩石語言的人。

岩漿－地球核心是一團巨大的火球。如果我們往下直挖到地心，每挖一公里的深度，溫度會增加二十五到三十度，必須挖到大約三千公里深，才能抵達核心的表面。在地底，所有的岩石在溫度一千兩百度以上都會熔化。岩石分布的部分只有幾公里，我們稱這一層為「地殼」。在地殼

與核心之間是「地函」，在這裡有大量的岩漿，也就是液態岩石，這是一種高密度液體，可以理解成火紅色的濃稠黏液。

古地磁學 – 化石能當做一種時鐘。若是缺少化石，可以利用古地磁學做為輔助。地球是巨大的磁鐵，地磁北極和地磁南極經常改變位置（以百萬年為時間單位計算），方式混亂不定，原因還無法確定。當地球磁場改變方向，像是鐵礦之類的磁性物質會受到影響，岩層的磁場也會跟著改變。透過磁性礦物，我們能清楚知道當沉積物堆疊時，地磁北極是向上還是向下。當知道某一岩層的形成正逢地磁逆轉發生，我們就能夠判斷年代，並用來跟其他已經仔細研究過的岩層進行比較。

板塊 – 板塊是巨大堅固的地殼的一部分，岩漿的流動速度非常慢。

沉積岩 – 這種岩石的形成，是來自其他種類的岩石碎片（沉積物）或有機體碎片，堆積在地殼上面。比如，有的沙灘是大量的岩石或礦物碎屑，以及各種生活在岸邊的動物骨骸組成。如果這些沉積物再被其他沉積物覆蓋，最終可能會隨著時間變成沉積岩。

作者後記

艾力克斯·諾奎斯
Alex Nogués

....

十二歲那年，一根彎木棍改變了我的命運。我跟我的兄弟和表兄弟，在一處石頭地上打高爾夫球，小白球飛到了一個布滿鳥蛤的岩石邊。但是，大海可是遠在五十公里外！我們是在一個山坡邊找到鳥蛤的。幾年後，我成為地質學家，希望能解開那一天出現在心裡的種種疑問。我走遍白堊紀的海洋，發現一種從未有人看過的小型生物化石，後來由專家命名為Alexina papyracea。接著，我完成了這本書。我在這本書裡，嘗試用簡單的方式介紹地質知識，分享我這一路「學習石頭的語言」所得到的驚喜。

＊Alexina這個字代表我的發現受到承認，Papyracea是指跟莎草紙一樣薄。

繪者的話

蜜倫・阿希恩・羅拉
Miren Asiain Lora

小時候，我在我家旁邊的花園裡，發現一隻在葉子上的毛毛蟲。
我把毛毛蟲放進陶罐裡，就這樣，幾天過後，牠變成了蝴蝶。
魔法是存在的，這就是生命的魔法。

從那時候起，我就很享受觀察一切事物。
欣賞、觀看、仔細觀察，我十分享受這樣的樂趣！
到森林踏青，觀察蟲子隱身在花叢之間。
總是有新奇的事物，每一次都不一樣。

我覺得觀察萬物樂趣多多！

現在我還知道，石頭能告訴我數以萬計的東西……

比如牡蠣！我是多麼喜愛大自然！